自然保护区

王渝生　主编

中国大百科全书出版社

图书在版编目（CIP）数据

自然保护区 / 王渝生主编 . -- 北京 ： 中国大百科
全书出版社，2025. 1. -- ISBN 978-7-5202-1731-6

Ⅰ . S759.991-49

中国国家版本馆 CIP 数据核字第 2024V8J238 号

出　版　人：刘祚臣
责任编辑：杜晓冉
责任校对：刘敬微
责任印制：李宝丰
出　　　版：中国大百科全书出版社
地　　　址：北京市西城区阜成门北大街 17 号
网　　　址：http://www.ecph.com.cn
电　　　话：010-88390718
图文制作：北京杰瑞腾达科技发展有限公司
印　　　刷：唐山富达印务有限公司
字　　　数：100 千字
印　　　张：8
开　　　本：710 毫米 ×1000 毫米　　1/16
版　　　次：2025 年 1 月第 1 版
印　　　次：2025 年 1 月第 1 次印刷
书　　　号：978-7-5202-1731-6
定　　　价：48. 00 元

探索无垠，启迪智慧之旅

在浩瀚的知识海洋中，人类始终怀揣着对未知世界的好奇与渴望，不断前行。从璀璨的星空到深邃的海洋，从微小的粒子到广袤的宇宙，奥秘无穷无尽，吸引着我们去探索、去发现、去理解。

自古以来，知识就是人类进步的阶梯，是推动社会发展的重要力量。从古希腊哲学家泰勒斯首次提出"水是万物之源"的朴素自然观，到伽利略首次将望远镜对准夜空，开启天文学的新纪元；从牛顿的万有引力定律，到爱因斯坦的相对论，每一次知识的飞跃，都深刻地改变了我们对世界的认知。今天，我们站在巨人的肩膀上，拥有更加先进的科技手段，能够以前所未有的深度和广度去探索这个多彩的世界。

在本书的编纂过程中，我们始终秉持着系统性和启蒙性的原则。系统性意味着不仅要覆盖知识的各个领域，还要注重知识之间的内在联系和逻辑关系，最终形成一个完整的知识体系。这样，读者在阅读过程中，不仅能够学习具体的知识点，还能够理解这些知识点在整个知识体系中的位置和作用，从而更加深入地掌握所学知识。

启蒙性则是指我们在阐述科学知识时，注重培养读者的科学思维和批判性思考能力。我们鼓励读者不仅要接受知识，更要学会质疑、学会创新。通过引导读者进行科学探究和实践活动，我们希望能够激发读者的好奇心和求知欲，培养独立思考和解决问题的能力。

　　随着科技的飞速发展，人类的认知也在不断深化和拓展。从量子纠缠到暗物质探测，从基因编辑到人工智能，每一次科技的突破都预示着新的科学革命即将到来，同时，我们对历史与社会的认识也在不断深入。

　　我们希望通过本书，为读者提供一个起点，而不是终点。我们鼓励读者在阅读过程中，不断提出新的问题、探索新的领域、追求新的发现。因为，真正的智慧之旅，是从不断提问和不断探索中开始的。我们相信，只要保持对知识的热爱和追求，每一个人都能成为自己领域的探索者和创新者。

　　在结束这篇序言之际，我们想说，探索未知、追求智慧，是人类永恒的主题。本书是我们为每一位热爱知识、渴望智慧的读者准备的一份礼物。希望它能够陪伴你走过一段充满惊喜和发现的旅程，让你在探索未知的道路上，不断收获新的知识和感悟。

　　让我们携手共赴这场智慧之旅吧！在仰望星空的浪漫中，在脚踏实地的探索中，在系统性与启蒙性的引领下，共同揭开自然与历史的神秘面纱，追寻那些隐藏的真理和智慧。愿你在这次旅程中，不仅能够收获知识的果实，更能够找到属于自己的那片星空和那片大地。

第一章　亚　洲

第二章 非 洲

第五章　南美洲

第六章　大洋洲

亚洲

三江源国家公园

中国于2015年12月规划设立的第一个国家公园体制试点区。包含长江源（可可西里）、黄河源、澜沧江源3个园区，是中国和亚洲的重要淡水供给地，其生态系统服务功能、自然景观、生物多样性具有全国乃至全球意义的保护价值，有高寒生物种质资源库之称。

三江源国家公园是中国9个国家公园体制试点区面积最大的一个，总面积12.31万平方千米，约占整个三江源区域面积的31.2%。其中，冰川雪山833.4平方千米、湿地29842.8平方千米、草地86832.2平方千米、林地495.2平方千米。涉及青海省果洛藏族自治州玛多县，玉树藏族自治州杂多县、曲麻莱县、治多县 3 县和青海可可西里国家级自然保护区，包含 12 个乡镇、52 个村。

长江源园区重点保护冰川雪山、河湖湿地、荒野景观，以及藏羚羊、野牦牛等明星野生动物的栖息地和迁徙通道。园区内发育有广袤的冰川雪山、星罗棋布的高海拔湖泊湿地群和大面积的高寒荒漠、高寒草原草甸，是重要的水源涵养、水量调节生态功能区。黄河源园区重点保护黄河源头区湖泊湿地和草甸生态系统，以及高原兽类、珍稀鸟类和特有鱼类等生物多样性。园区内柏海迎亲滩、莫格德哇遗址、格萨尔赛马称王遗址、格萨尔王王妃珠姆宫殿遗址具有重要的历史文化价值。澜沧江源园区重点保护澜沧江源头生态系统和景观及雪豹等野生动物，被誉为雪豹之乡。园区内发育有大面积冰蚀地貌、雪山冰川、辫状水系、草原湿地、林丛峡谷等地貌类型。

长江源区的藏羚羊

雪豹

大熊猫国家公园

大熊猫是中国特有的珍稀物种，被誉为"活化石""中国国宝"，是全球生物多样性保护的旗舰物种，也是中国与世界各国交流的"和平使者"。

2021年10月，大熊猫国家公园正式设立。范围跨四川、陕西和甘肃三省，总面积约2.2万平方千米，整合各类自然保护地80余个。

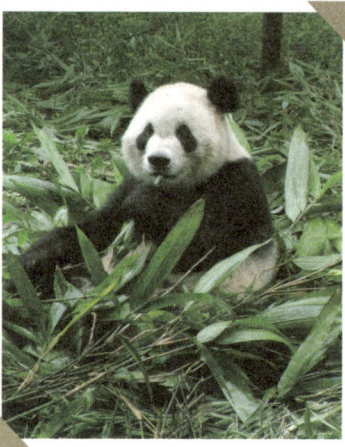

大熊猫

大熊猫国家公园地处岷山、邛崃山、大相岭和小相岭核心区域，有野生大熊猫1340只，涉及野生大熊猫13个局域种群，占全国野生大熊猫总量的72.0%，大熊猫栖息地面积15000平方千米，占全国大熊猫栖息地面积的58.5%；同时分布有其他 8000 多种野生动植物，包括金钱豹、雪豹、川金丝猴、林麝、羚牛等国家重点保护野生动物，以及红豆杉、珙桐等国家重点保护野生植物，是全球生物多样性热点保护区之一。

大熊猫国家公园的正式设立，将着力构建四川、陕西、甘肃三省跨省域保护的高效协同机制，着力修复受损、破碎化的栖息地，有效打通野生大熊猫栖息地间的连接通道，实现隔离种群的基因交流，加强小种群复壮，有效改善野生大熊猫栖息环境，进一步增强生物多样性，保护好珍贵的自然人文景观。

东北虎豹国家公园

东北虎豹国家公园以核心保护物种命名，它所保护的"王者"东北虎、东北豹，是世界珍稀濒危野生动物，是生物多样性保护的旗舰物种，是温带森林生态系统健康的标志。

2017 年 8 月，东北虎豹国家公园成立。位于吉林、黑龙江两省交界的长白山支脉老爷岭南部，其东部、东南部与俄罗斯滨海边疆区的豹地国家公园接壤，东南部区域隔图们江及沿江带与朝鲜相望，是中俄朝三国交界的连接地带。

东北虎豹公园总面积 1.406 万平方千米，吉林片区占 68.0%，黑龙江片区占 32.0%。区域内包含 12 个自然保护地，其中有 7 个自然保护区、3 个国家森林公园、1 个国家湿地公园和 1 个国家级水产种质资源保护区。

东北虎豹国家公园以中低山、峡谷和丘陵地貌为主，盆地、平原、台地等均有分布，地貌类型复杂多样。分布陆生野生脊椎动物 397 种，其中国家 I 级保护动物 14 种，包括东北虎、东北豹、梅花鹿、原麝、紫貂、中华秋沙鸭、白尾海雕、金雕、东方白鹳、黑鹳、矛隼、黑琴鸡、白头鹤和丹顶鹤；国家 II 级保护动物 44 种，包括斑羚、獐、马鹿、水獭、黑熊、棕熊、猞猁、黄喉貂、花尾榛鸡等。此外，还有极为丰富的温带森林植物物种。分布有高等植物 884 种，包括大量的药用类、野菜类、野果类、香料类、蜜源类、观赏类、木材类等植物资源。其中不乏一些珍稀濒危、列入国家重点保护名录的物种，比如国家 I 级保护野生植物有 1 种，即东北红豆杉，国家 II 级保护野生植物有 7 种，包括红松、钻天柳、水曲柳等。其他具有重要保护价值的植物还有人参、松茸、党参等。更为神奇的是，在如此高纬度的地区却存在着起源和分布于亚热带和热带的芸香科、木兰科植物，如黄檗、五味子等。在历史漫长的进化演变中，这些物种随着地球的变迁，最终在东北虎豹国家公园的崇山峻岭中孑遗。

东北虎豹主要栖息地是中国自然生态系统中最重要、生物多样性最富集的区域之一，肩负着保护以东北虎豹为旗舰物种的生态系统，实现生态保护与经济社会协调发展，人与自然和谐共生的重要使命；对保护东北虎、东北豹野外种群栖息繁衍，维持生态系统原真性、完整性，实现重要自然资源国家所有、全民共享，推动珍稀濒危物种跨境保护合作具有重要意义。

海南热带雨林国家公园

海南热带雨林国家公园位于海南岛中部，东起海南省万宁市南桥镇，西至东方市板桥镇，南至保亭黎族苗族自治县毛感乡，北至白沙黎族自治县青松乡；所处中部山区是黎族、苗族等少数民族在海南的集中居住区。涉及海南省中部的五指山、琼中、白沙、东方、陵水、昌江、乐东、保亭、万宁9市县，区划总面积4269平方千米；其中国家公园在五指山市面积占比最大，达61.5%；约占海南岛陆域面积的12.1%，核心保护区面积2331平方千米，占国家公园总面积的54.6%，一般控制区面积1938平方千米，占国家公园总面积的45.4%。

海南热带雨林国家公园分布有热带低地雨林、热带山地雨林、热带针叶林、高山云雾林等植被，土地利用类型以林地为主，面积3829平方千米，占国家公园总面积的89.7%。园区内森林覆盖率高达95.86%，其中天然林面积3267.93平方千米，占国家公园面积的76.56%；人工林面积824平方千米，占国家公园面积的19.3%。人工林主要以橡胶、桉树、马占相思、加勒比松、槟榔等经济林种或用材林种为主。

海南热带雨林国家公园的核心价值表现在三个方面：一是岛屿型热带雨林典型代表，在植被类型、物种组成和旗舰物种上表现出较高完整性，热带自然生境维持了极高原真性。二是拥有全世界、中国和海南独有的动植物种类及种质基因库，是热带生物多样性和遗传资源的宝库。园内有国家重点保护植物有149种，其中国家Ⅰ级保护植物7种，主要为坡垒、卷萼兜兰、紫纹兜兰、美花兰、葫芦苏铁、海南苏铁、龙尾苏铁等，国家Ⅱ级保护植物142种，主要为海南黄花梨、土沉香、海南油杉、海南韶子等。此外，葫芦苏铁、坡垒、观光木等17种植物为极小种群物种。园区内有特有植物846

种，其中中国特有植物 427 种，海南岛特有植物 419 种。初步统计海南热带雨国家公园内共记录陆栖脊椎动物资源 540 种，占全省的 77.36%，占全国的 18.62%。国家重点保护野生动物 145 种，其中国家 I 级保护野生动物 14 种，主要为海南长臂猿、海南坡鹿、海南山鹧鸪、穿山甲等，国家 II 级保护野生动物 131 种，主要为海南兔、水鹿、蟒蛇、黑熊等。海南特有野生动物 23 种。海南热带雨林国家公园是全球最濒危灵长类动物海南长臂猿的全球唯一分布地，目前该物种仅存 36 只。三是海南岛生态安全屏障。海南热带雨林国家公园位于海南岛中部山区，是全岛的生态制高点，是海南岛森林资源最富集的区域，是南渡江、昌化江、万泉河等海南岛主要江河的发源地。茂密的热带雨林既是重要的水源涵养库，又是防风、防洪的重要生态安全屏障。

武夷山国家公园

武夷山国家公园是世界同纬度带现存最典型、面积最大、保存最完整的中亚热带原生性森林生态系统，是亚洲东部环太平洋带地质构造的典型代表，是中国 11 个具有全球意义陆地生物多样性保护的关键地区之一。被称为"鸟的天堂""蛇的王国""昆虫的世界""研究亚洲两栖爬行动物的钥匙""世界生物模式标本产地"。

武夷山国家公园位于闽赣边界，区域涉及福建省南平市的武夷山市、建阳区、光泽县和邵武市 4 个县（市、区）9 个乡镇，以及江西省上饶市铅山县 3 个乡镇。规划总面积 1280 平方千米，整合了福建武夷山国家级自然保护区、武夷山国家级风景名胜区、武夷山国家森林公园、九曲溪光倒刺鲃国家级水产种质资源保护区等多种类型保护地。

武夷山国家公园具有独特的自然地理环境、丰富的物种多样性、数量众多的珍稀濒危物种、高度集中的特有物种和古老孑遗物种、原始而完整的亚热带山地森林生态系统和厚重的历史文化底蕴。分布有11个植被型、170多个群丛组，囊括了中国中亚热带地区所有植被类型。这里有210.7平方千米的原生性森林植被未受到人为破坏，生物多样性丰富，拥有极其丰富的物种资源，是中亚热带野生动植物的种质基因库，世界著名的生物模式标本产地和中国东南部唯一的具有全球意义的生物多样性保护关键区之一。

武夷山国家公园共记录高等植物3404种，包括苔藓植物345种、蕨类植物278种、裸子植物29种和被子植物2752种，其中国家I级保护植物有水松、红豆杉和南方红豆杉3种，国家II级保护植物有福建莲座蕨、金毛狗蕨、水蕨、白豆彬等82种。分布有772种野生脊椎动物，昆虫6849种，约占中国昆虫种数的1/5。共有国家重点保护野生动物129种，其中，黑麂、黄腹角雉、金斑喙凤蝶、穿山甲等16种被

列入国家 I 级保护，平胸龟、眼镜王蛇、花鳗鲡等 113 种被列入国家 II 级保护。

在武夷山国家公园腹地挂墩和大竹岚，因其发现众多两栖、爬行类和昆虫动物新种模式标本而闻名于世。100 多年来，中外生物学家先后在此采集生物新种模式标本 1000 多种。目前，武夷山玉竹、崇安鼠尾草等植物模式标本产地种类 91 种，昆虫模式标本产地种类达到 1163 种。物种丰富度居世界大陆区系前列，国家公园体制试点以来，发现了雨神角蟾、福建天麻、武夷凤仙花、武夷山对叶兰、武夷山孩儿参等 5 个新种。

大汉山国家公园

马来西亚最大的自然保护区。原名乔治五世国家公园。建于 1938 年。大汉山国家公园范围包括大汉山所在的彭亨、吉兰丹、丁加奴三州边境广大地区，面积 4.3 万公顷。

园内多石灰岩、石英岩、页岩等形成的高山峻岭，其中大汉峰海拔 2185 米，为西马来西亚最高峰。三州大河的源头支流多从大汉峰附近分流而下，溪流众多，有峡谷、岩洞和瀑布。保存有大片原始热带雨林，大树高 60 米，竹子长 10 米。

马来貘

林中气温约 27℃，湿度 80%，每公顷产氧气 28 吨，被誉为"净化暖房"。拥有多种动植物，包括 800 多种热带兰、250 种鸟和 300 种鱼，昆虫多达万种以上。公园内久负盛名的动物有马来貘、象、马来虎、野水牛、吠鹿、麝鼠、豹猫、长臂猿、猴、犀牛、岩羊、水獭、大蜥蜴、树蛇、犀鸟、大鸢、林雉、歌鸲、翡翠等。园内有原住民族先努伊人，以吹筒射猎闻名。公园管理处设在瓜拉大汉，位于大汉峰南方约 50 千米、大汉溪汇入淡美岭河（彭亨河支流）附近，这里是国家公园的腹地。瓜拉大汉有登山小径直达峰顶，也有小艇溯淡美岭河及其支流而上。园中设有多处隐蔽所，用以观察早晚来盐地饮水的动物生态或先努伊人行踪；有树冠吊桥，可鸟瞰雨林上层结构与面貌。公园为游人举行讲座，介绍园内动植物生态及环保知识。

穆鲁山国家公园

＊＊＊＊＊

　　马来西亚六大国家公园之一，位于沙捞越州第四与第五两省，米里东南百余千米，靠近文莱边境，巴兰河上游梅尼瑙河畔，为一片原始热带林区。

　　面积52.864公顷，穆鲁峰海拔2376米，为东马来西亚第二高峰。1975年定为国家公园。从1977年开始，科学家经过1978年、1980年、1984年、1989年、1990年几次大规模多学科考察，发现了堪称世界之最的巨大洞穴群。已知的洞穴有20多个，原住民族穆鲁人住在洞中，给洞穴起了很多既写实又富于想象的名字，如清水洞、风洞、鹿儿洞、老鹰洞、隐谷、天堂园等。最大的洞穴口宽2000米、长1000米、高250米，面积有16个足球场大，容积巨大；其他洞穴也有宽100米或深500米的。清水洞的"隧道"测量到25千米还未到尽头，洞内有两条路，右路通圣女洞，洞中有天然形成的圣母马利亚头像，左路边有清澈的小溪流淌。老鹰洞内岩石的各种形状出神入化，有如人工雕琢的佳品。鹿儿洞内大群蝙蝠飞舞，声如闷雷，洞的南侧入口处有岩石重叠而成的林肯头像。妙洞的石笋和石钟乳形态奇特、蔚为壮观，有如红磨坊大厅的帷幕、宝塔笋、蘑菇、页状珊瑚盅、鹿角珊瑚等。洞穴群拥有大群生物，除蝙蝠外还有燕子、甲虫、蛾类等。为方便科考和旅游，雨林中修建有木板路，梅尼瑙河上有小艇。

尼亚国家公园

马来西亚沙捞越州的洞穴公园。位于第四省首府米里西南16千米，尼亚河边。包括石灰岩的苏比斯山（海拔394米）的30多个溶洞，面积3139公顷。

洞穴外口不大，内部宽敞，有宽244米、高60米的大厅。洞中栖息着500万只蝙蝠和燕子，盛产含氮丰富的蝙蝠粪和品种珍贵的燕窝。20世纪50年代以来科学家进行了一系列生物

蝙蝠

调查与考古挖掘，发现了介于蜥蜴和蛇之间的拟毒蜥蜴，4万～5万年前的人类及多种动物的骨骸，石器时代的骨器、介壳、石斧、石锤、陶罐、彩色壁画以及独木舟形木棺，还有中国唐、宋、明各时代的瓮、罐、瓷器、金属碎片及古船等，洞中还保留有一个世纪前采燕窝人住的小木屋。是研究东南亚洞穴生物、古人类、考古及历史学的重要基地，也是著名旅游胜地。

科莫多国家公园

印度尼西亚国家公园。位于科莫多岛上，在松巴哇与弗洛勒斯两大岛之间。面积7.33万公顷，其中陆地面积6.03万公顷。丘陵起伏，气候干燥炎热，有树林和草场。

　　该岛以其特有的珍稀物种科莫多龙而闻名。科莫多龙是世界上现存近 30 种大型蜥蜴中最大的一种，体长 3～4 米，身重 135～150 千克，一般可活 40～50 年，最长寿命可达 100 年。科莫多龙通常以小动物、鸟卵、龟蛋为食，唾液中含有剧毒，被咬伤的动物即使当时能挣脱，几天后也会因伤口腐烂而行动不便，从而成了巨蜥再度袭击的目标。遇到危险或十分饥饿时，它们会表现出惊人的进攻性。科莫多龙和恐龙是同族，远在 6000 万年前就出现于地球，现在世界上别的地方已见不到它们的踪影。1912 年，科学家捕到一只活体，经研究，确定它为蜥蜴类中的一个新种，命名为科莫多龙。科莫多龙是爬行类中形象最近似恐龙的珍稀动物，1915 年起受到保护。印尼将科莫多岛定为自然保护区，1980 年设立国家公园，科莫多龙受到保护，得以顺利繁殖。20 世纪 50 年代科莫多龙只有几百只，90 年代初据称已有 5000 只，分布范围也从科莫多岛向东扩展，包括巴达尔、林恰两岛及佛罗勒斯岛西南部，总面积达到 59000 公顷。科莫多国家公园的范围确定为科莫多、巴达尔、林恰三岛及周边一些小岛，划有一块地区让旅游者参观。1991 年公园被联合国教科文组织列入《世界遗产名录》。

科莫多龙

27

盖奥拉德奥国家公园

━━━━━━━━━✦✦✦━━━━━━━━━

印度国家公园。位于拉贾斯坦邦东端，北方邦阿格拉以西50千米。公园轮廓略似半月，南北长9.5千米，东西宽7千米，面积2873公顷。

1900年初建，1981年列入《拉姆萨尔公约》世界最重要

盖奥拉德奥国家公园一景

的湿地名单，翌年改为国家公园，1985年被列入《世界遗产名录》。地处印度恒河流域亚马孙式森林区中，原为一片由人工开辟和维护的潮湿区。7～9月，洪水泛滥，平均水深1～2米；从10月到翌年1月，水位逐渐下降；到6月，积水就几乎退尽，仅余极少数水洼。整个公园被人造堤坝分割成10大块，水位由堤坝的排水系统控制。公园周围地区植物稀少，唯有公园内有树木生长和灌木杂草遍布。入冬后，来自阿富汗、土库曼斯坦及西伯利亚地区的大批水鸟到公园中聚集。公园中已发现的水禽超过360种，包括稀有的西伯利亚鹤及大量的鸭子、花鹳、鸬鹚、印度鹳、东方朱鹭、环状领狮鼻贝等。还有大量的猛禽如游隼、帕亚斯鹰、鱼鹰、蛇雕等。

加济兰加国家公园

印度国家公园。位于阿萨姆邦中部，布拉马普特拉河谷一片洪水经常泛滥、历来荒无人烟的低平沼泽地上，面积约

加济兰加国家公园里的犀牛

43000 公顷。

初创于 1908 年，是印度最早建立的国家公园，又是印度北部几个基本未经人工干预、触动、改造过的自然公园之一，被公认为是印度最完善的国家公园，1985 年列入《世界遗产名录》。这里沼泽绵延，森林密布，人迹罕至；宽阔的浅水湖泊比比皆是，湖泊之间沟溪纵横。气温保持在 7 ~ 37℃，降水主要集中在 5 ~ 10 月，平均年降水量 2200 毫米。植被以沼泽草本植物为主，细分为 3 个植被带，分别为潮湿冲积草原（约占公园面积的 2/3）、半常绿热带雨林和常绿热带雨林。公园地区经过 90 多年的隔绝、封闭和养护，迄今仍保持着理想的原始自然状态，养育着大量哺乳动物，诸如虎、象、豹、熊、野水牛、沼泽鹿、白眉长臂猿、白肢野牛和黄麂等，尤以犀牛数量之大著称，已经超过 1200 头，占世界现存犀牛总数的 3/4，是世界上最大的犀牛群体栖息地。还是鸟类的乐园，有数千种鸟禽生息其间。

楠达德维国家公园

印度国家公园。位于北方邦北部的格沃尔地区，西南距印度首都新德里330千米，面积6.3万公顷。

整个公园开辟在一个庞大的冰河期形成的盆地中，四面群山环绕，平均海拔超过3500米。被一系列相互平行的南北向山脉分割成条状。其中楠达德维峰由东西两峰组成，西峰是主峰，海拔7820米，东峰是辅峰，海拔7430米，二者相距4千米。附近群山

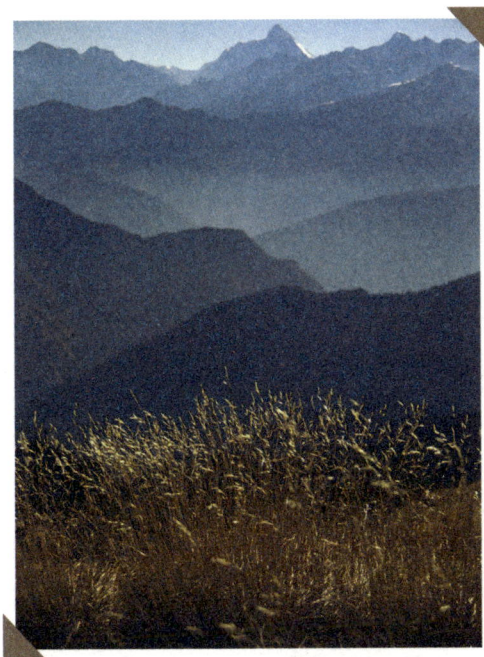

楠达德维国家公园

较低，但海拔超过 6400 米的也有 12 座之多。它们犹如众多的"卫峰"，大体结成长约 1123 千米的圆环，参差罗列于楠达德维峰的四周。公园气候特异，直到 6 月中还有降雪。园区生活着麝、喜马拉雅羚羊、黑熊、黑棕熊、哈努曼长尾猴、雪豹等野生动物，还有 50 多种鸟类。自古就是禁地，传说凡擅自进山采摘花草、猎杀动物，都会受到严厉的惩罚。当地居民把楠达德维盆地奉为圣地，楠达德维即印地语"多福女神"之意。每年到供奉女神的寺庙祈祷时，人们都严格遵守这条古训。1988 年，联合国教科文组织将楠达德维国家公园作为自然遗产列入《世界遗产名录》。

奇特旺国家公园

尼泊尔国家公园。全称王家奇特旺国家公园。位于尼泊尔南部德赖平原上，北依默哈帕勒德岭，南紧靠印度边境，东与帕尔萨野生动物保护区为邻。

公园以保护野生动物为主要任务，尤其以生息着独角犀牛闻名。独角犀牛目前世界上仅约 1200 头，濒于绝种。1973 年，尼泊尔政府为有效地予以保护，特建立这个国家公园。独角犀牛在尼泊尔被视为国宝。独角犀牛身高 2 米左右，体重达 2 吨多，头呈三角形，生独角，无毛；以进食青草为生，性情温和，一般不伤人。孟加拉虎也是公园的重点保护动物，此外还有多种野鹿、羚羊、猿猴、豹、野象及野猪等 36 种哺乳动物，水中有鳄鱼以及 350 多种飞禽。公园东北角辟有盖达野生动物营，可近距离观赏独角犀牛、野鹿、猿猴及飞禽等。

萨加玛塔国家公园

尼泊尔国家公园，也是世界海拔最高的国家公园。位于尼泊尔东部北侧的喜马拉雅山区，平面轮廓略呈椭圆形，西北和东北侧紧靠中国边境。面积 124400 公顷。因园区包括萨加玛塔（珠穆朗玛峰的尼泊尔语名，意为摩天峰）而得名。

由于地处超高山区，海拔变化又很大，造就了多样生态环境，适于多种动植物生长。同时萨加玛塔国家公园也是世界著名的高山攀登区域。许多高峰海拔均在 7000 米以上，位于中国和尼泊尔边界的珠穆朗玛峰海拔 8848.86 米，是世界上的最高峰。园区生息着信奉佛教的夏尔巴人以及他们的村庄和庙宇。夏尔巴人常年生活在高海拔山区，体力充沛，有良好的适应能力，可以在高原负重并疾步行进。1953 年 5 月 29 日，在尼泊尔夏尔巴人协助下，英国登山队从南坡登上了峰顶。中国登山队则在 1960 年 5 月 25 日从北坡成功登顶。萨加玛塔国家公园作为自然遗产，于 1979 年被联合国教科文组织列入《世界遗产名录》。

孙德尔本斯国家公园

印度的国家公园。位于恒河河口地区的孙德尔本斯三角洲上，东侧与孟加拉国毗邻。"孙德尔本斯"一词来自孟加拉语，意为"美丽的森林"。

原为一片生长着红树林的广阔沼泽地，陆地和水域面积共170万公顷，分属印度和孟加拉国。印度部分在西孟加拉邦境，1984年被印度政府辟为孙德尔本斯国家公园，从而形成一个管理严格的自然保护区，1987年被列入《世界遗产名录》。公园占地26万公顷，园内低矮的红树林沼泽、海水中和海滩上生长的树林以及沙丘上生长的植被，为各种动物提供了天然的栖息地，繁育着印度最大的孟加拉虎群。园内水系发育，河道纵横，河内生活着90多种鱼类、48种蟹类和多种软体类动物。在红树林沼泽地与海相通的水域里，出没着一些稀有的水生哺乳动物；有5种海豚，如恒河海豚、印度－太平洋地区座头豚和无鳍海豚等。此外，还有罕见的海洋鳄鱼。别处的老虎多捕食陆生动物如野羚羊和野牛等，这里的老虎却极擅长游泳，从水中捕食鱼、巨蜥和海龟。该地区也是许多海滨鸟类、鸥、燕鸥重要的中转站和越冬地，供养着30多种捕食动物的鸟类，包括白腹海雕、蛇雕、玉带海雕等。

乌戎库隆国家公园

印度尼西亚生物与地学国家公园。位于印度尼西亚万丹省，爪哇岛的最西端，毗邻印度洋。

公园总面积 1206 平方千米（包括 443 平方千米的海洋），主体部分是朝向巽他海峡突出的乌戎库隆半岛，此外包括喀拉喀托火山以及巴娜依丹、汉都伦、贝坞藏等其他一些岛屿。1958 年，乌戎库隆自然保护区成立。1992 年，乌戎库隆自然保护区被建立为乌戎库隆国家公园，是印度尼西亚第一个建立的国家公园。1991 年，公园被联合国教科文组织列入《世界遗产名录》。2005 年，被指定为东南亚国家联盟遗产公园。

乌戎库隆国家公园属热带雨林气候，全年降水丰富，湿度较大。公园内有世界最大的低地雨林，较常见的植物为棕榈树，并有着大面积的沼泽与红树林。公园内还保护有 57 种稀有植物物种。乌戎库隆国家公园也是极危物种爪哇犀牛仅有的两个栖息地之一，有 50 ～ 60 只爪哇犀牛生活在此。乌戎库隆国家公园其他珍稀哺乳动物有爪哇野牛、银白长臂猿、爪哇乌叶猴、食蟹猕猴、爪哇豹、爪哇鼷鹿和水鹿等。另外，还有 72 种爬行动物与两栖动物以及 240 余种鸟类。

喷发中的喀拉喀托火山

第二章

非洲

巴乌莱河湾国家公园

　　马里西部自然保护区。位于巴科伊河支流巴乌莱河的河曲地带。

　　巴乌莱河湾国家公园处于典型的热带稀树草原区，气候干热，平均年降水量700多毫米。6～9月为雨季；旱季盛吹来自撒哈拉沙漠的干热哈巴丹风，雨量稀少。园内密布禾本科、豆科等草类，并有稀疏的乔木和灌木。主要树种有牛油果（卡里特油果）树、猴面包树、棕榈等。水源充足，栖息有多种草食和肉食动物。最常见的草食动物是大羚羊和小羚羊，其中最大的羚羊——"王羚"高达1.7米，是当地特有品种。肉食动物有狮、豹、狞猫、胡狼和鬣狗等。鸟的种类繁多，有鹧鸪、珠鸡、鹅、鸭鹭、鹤等各种野禽和肉食鸟类兀鹰、大鸨等。河中有多种淡水鱼、鳄鱼。11月至翌年1月是理想的旅游季节。

大羚羊

察沃国家公园

肯尼亚最大的野生动物园，世界最大的野生动物保护区之一。位于肯尼亚东南部，内罗毕至蒙巴萨铁路和公路两侧。面积208万公顷。建于1948年。

公园被分成察沃西区和察沃东区。东部属亚塔高原，地势较平坦，热带稀树草原景观，散生猴面包树和金合欢树。有加拉纳河、阿西河、察沃河流过。西部为山区，熔岩广布，有高达2500米的火山锥，其南部著名的姆齐马涌泉附近形成大片湿地和绿洲。野生动物有象、狮、豹、猎豹、斑马、羚羊、长颈鹿、犀牛、水牛、河马、狷羚、黑斑羚、条纹羚、巨鳄、鸵鸟等，尤以大象著名。还有织巢鸟、犀鸟、太阳鸟、金丝雀等400多种鸟类。该公园是肯尼亚著名游览胜地之一。西部为主要游览区，有多处旅馆，辟有专门狩猎场，还设有动物研究所。

察沃国家公园风光

布温迪国家公园

乌干达国家公园之一。位于乌干达西南部，东非大裂谷西缘。面积33100公顷。

海拔 1160 ～ 2607 米。年平均气温 7 ～ 20℃，年降水量 1130 ～ 2390 毫米。动植物丰富，有多种哺乳动物、360 多种鸟类及 200 多种蝴蝶；植物种类 324 种，其中 10 种为乌干达所特有。为保护园区生态环境，对每天参观大猩猩的人数有严格规定。

加兰巴国家公园

刚果（金）自然保护区和旅游景区。位于东北部的上韦莱省，北邻南苏丹，面积49.2万公顷。建于1938年。

加兰巴国家公园地处刚果盆地东北缘阿赞德高原韦莱河上游，海拔700多米，热带草原气候，平均年降水量1000余毫米。园内热带草木繁茂，水源充足，野生动物以大象、白犀牛、河马、长颈鹿四种大型哺乳动物为主；南部有驯象站，饲养象群。因景观独特，自然保护卓有成效，1980年被列入《世界遗产名录》。

白犀

大林波波跨国公园

非洲南部跨南非、莫桑比克和津巴布韦三国的国家公园。

2002年12月9日，三国首脑签署建立大林波波跨国公园的条约，由南非的克鲁格国家公园、莫桑比克的库塔达国家公园和津巴布韦的戈贡雷国家公园合并组成。面积386万公顷，为世界上迄今最大的跨国公园和世界级生态旅游点。气候冬温夏热，平均年降水量约550毫米，以夏雨为主。热带稀树草原景观，植物约2000种。哺乳动物147种，常见狮子、大象、长颈鹿、非洲大羚羊等，有杂色羚羊、紫貂、野狗等濒危物种。两栖类动物110种，鸟类500种。

紫貂

卡盖拉国家公园

卢旺达野生动物园。位于东北部与坦桑尼亚交界处。以其秀丽的风景、宜人的气候和珍奇的野生动物闻名。

建于 1934 年。占地 21.6 万公顷，约占国土面积的 1/10。海拔 1250 ～ 1825 米。公园为热带灌木林、草原和原始森林所覆盖。卡盖拉河流经园区东界。山谷间镶嵌大小湖泊 22 个，伊海马湖面积 7500 公顷，已划为渔场。动物种类繁多，有象、犀牛、斑马、长颈鹿、河马、野水牛、蟒、豹、狮、鳄鱼、狒狒、银丝猴等。

斑马

丁德尔国家公园

苏丹天然动物园。位于苏丹东南部，距首都喀土穆约470千米，其间有公路相通。建于1935年。

境内属丁德尔河和拉海德河冲积平原，海拔700～800米，面积达71.2万公顷。公园北部为灌丛草原，南部为森林，沿河两岸有棕榈林，此外还有沼泽地。公园地势低平，水草丰美，具有野生动物栖息生存的良好环境。园内主要有长颈鹿、瞪羚、大羚羊、小羚羊、马羚、薮羚、侏羚、水羚、大旋角羚、

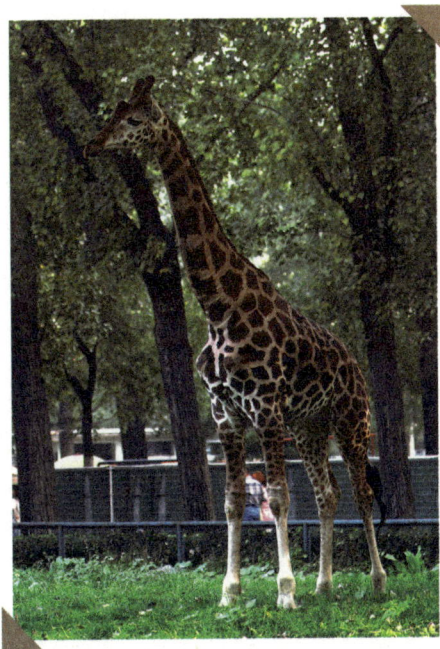

长颈鹿

犬羚、水牛、狮子和鸵鸟，还有少数黑犀牛、豹、猎豹、大象、土狼和豺狼。其中许多鸟类按照雨旱季节变化，在园内南北迁徙，往返成群，蔚为奇观。每年 10 月至翌年 4 月为公园最佳游览季节。游人可循指定路线驾车观赏各类野生动物。

尼奥科洛科巴国家公园

塞内加尔最大的国家公园。位于国境东南、冈比亚河上游，西以库隆河为界，南抵几内亚边界。大体呈四边形，面积约 100 万公顷，是西非第二大国家公园。建于 1952 年。

尼奥科洛科巴国家公园地处热带季雨林与热带草原过渡地带。气温高，雨量较大，而且河网密集，主要有冈比亚河、尼奥科洛科巴河、库隆图河等，形成复合交错的生态环境。河谷地区既有沼泽、洼地，更造就茂密的热带季雨林长廊；而河间地区则属典型的热带稀树草原，是西非苏丹－几内亚地区难得的生态系统保存完好的地域。1981 年作为自然遗产被列入《世界遗产名录》。

据统计，公园内植物种类达1500余种，水生及陆地脊椎动物520多种。大型动物有1万～2万只，包括狮子、豹、大象、猩猩、河马、鳄鱼、野水牛、非洲疣猪、德尔贝羚羊、德尔比非洲

黑猩猩

大羚羊等。罕见的黑猩猩尤具科学价值，公园成为国际灵长类学者研究黑猩猩的重要场所。稀树草原上有大量飞禽，河中及沼泽洼地里生活着众多爬行类和两栖类动物。公园注意加强生态保护和旅游管理，划定旅游宿营地，还建立了一个旅游新村。

戈龙戈萨国家公园

莫桑比克国家公园和全国最大的野生动物园。位于莫桑比克索法拉省内。1920年，戈龙戈萨山连同周围地区辟为国

戈龙戈萨国家公园一角

家公园。1935 年定为禁猎区。面积约 37.7 万公顷。

地处热带草原气候，平均年降水量约 1400 毫米。园内有林地、棕榈林、灌丛、草地、沼泽等多种生态景观。乌雷马湖位于园中心，是干季主要水源。园内物种多样，常见河马、黑犀牛、斑马、豹、狮、大象和各种羚羊（大羚羊、黑斑羚、侏羚、小苇羚等）。鸟类 580 多种。

卡富埃国家公园

非洲最大野生动物园之一。位于赞比亚中西部，跨南方省西北部、中央省西部和西北省东南部。面积 224 公顷。建于 1950 年。

卡富埃国家公园地处起伏平缓的高原上，流经卡富埃河及其支流卢富帕河和隆加河。热带草原气候，年降水量

800～1000毫米，干湿季分明。园内植被丰茂，景观类型多样，有林地、灌木丛、草地和沼泽地。野生动物种类繁多，有河马、水牛、斑马、非洲象、黑犀、狮、紫貂、矮羚、捻角羚、黑斑羚、马羚、大角斑羚、短鼻水羚、角马、林羚、小羚羊、鳄鱼等，还有豺、麝猫、香猫和猫鼬等小型食肉动物。鸟类400余种，常见的有鹤、鱼鹰等。河中鱼类丰富，有鲤科鱼、鲷鱼和梭鱼等。该公园为旅游胜地。

卡拉哈迪跨国公园

非洲最早正式颁布的跨国公园。2000年南非和博茨瓦纳政府达成协议，将分属两国的卡拉哈迪大羚羊国家公园合并，组成跨国公园，统一管理。地处南非高原卡拉哈迪沙漠南部。面积约380万公顷。

气候干燥，平均年降水量约200毫米；夏季气温可达

跳羚

40℃以上，冬季昼夜温差大，夜间气温在0℃以下。植被稀疏，以多刺灌木、草本植物为主。野生动物以羚羊为特色，包括大羚羊、小羚羊、跳羚等；还有印度豹、土狼、黑毛狮等。鸟类约280种，常见短尾鹰、秃鹰、苍鹰、猎鹰等。

马拉维湖国家公园

世界上第一个淡水湖国家公园。位于非洲马拉维湖南端，由马克利尔角半岛及其周围地区12个小岛和3块陆地组成。面积9400公顷。建于1980年。

园内有山崖、丘陵、沙滩、沼泽地和广阔的湖面。热带草原气候，年平均气温22℃以上，平均年降水量超过1000毫米。

林木苍翠，有棕榈、无花果、猴面包树、大戟属植物、芦荟、合欢、梧桐等。湖里生长着数百种鱼类，种类数量居淡水湖之冠，大部分是

马拉维湖风光

本地特有种，在世界上绝无仅有，以盛产各种美丽的热带观赏鱼著称。湖滨沼泽和小岛上草木繁盛，适宜鸟类栖息，有燕鸥、鱼鹰、黑鹰、翠鸟、水雉、朱鹭、白鹭等。野生动物有狒狒、猴、羚羊、河马、鳄鱼等。1984 年被列入《世界遗产名录》。

南卢安瓜国家公园

赞比亚国家公园。位于国土东南部，穆钦加山脉东南麓，卢安瓜河西岸。隔 30 千米的穆尼亚马济走廊与北卢安瓜国家公园相望。面积 90.5 万公顷。建于 1950 年。

白鹳

热带草原气候，年降水量1000毫米左右。热带稀树草原景观，常见的树种有猴面包树、黑檀树、象牙棕榈树、罗望子树等。非洲野生动物种类最丰富的地区之一，有大象、黑犀牛、鳄鱼、河马、斑马、狒狒、豹、狮、羚羊等60多种。其中羚羊的种类多达14种，以大羚羊和黑斑羚羊最多，还有小苇羚、杂斑羚和侏羚。鸟类400多种，包括40多种食肉鸟类。常见的有白鹳、冠鹤、食蜂鸟、鹰、秃鹫、犀鸟等。著名旅游胜地，园内设有旅馆。

乔贝国家公园

博茨瓦纳的野生动物国家公园。位于国土北部，乔贝河两岸。总面积约120公顷，约占整个乔贝区的60%。

园域降水量丰富，植物茂密，特别是乔贝河流域有大片原始森林。林中栖息有狮子、犀牛、大象、斑马、豹子、羚羊、野牛等。乔贝河和沼泽地里有鳄鱼、

鸵鸟

河马和鱼鹰、小蓝翠鸟、鸵鸟、野鸭、火烈鸟等。鸟兽种类达数百种以上。每年 5 ～ 9 月是旅游的黄金季节。游客乘坐有安全设备的汽车或小摩托艇入园，可看到丛林深处放哨的大象、群狮争食、鳄鱼伏在河岸晒太阳、群猴偷闯游客营地等场景。

瑟门国家公园

埃塞俄比亚国家公园。位于国土西北部，古都贡德尔以北。面积 1.65 万公顷。

瑟门国家公园以顶部平坦、边缘陡峭的桌状高地和突兀

耸立的山峰为特点，是埃塞俄比亚高原最高耸的地区，其中达尚峰海拔4620米，为全国最高峰。园内海拔3000～3500米地带多数已辟为牧场和农田，仅局部保留有刺柏、罗汉松等自然植被；3300～4000米为高山草地带，有欧石楠、山地半边莲等；4000米以上为冰雪带。野生动物种类繁多，不少属瑟门地区珍稀特有种，如山羊驯化前的远祖——沃利亚野羊，以及瑟门狐、吉拉德狒狒、食肉鸟髭兀鹰等，极具保护价值。1969年埃塞俄比亚政府辟建国家公园。1978年作为自然遗产被列入《世界遗产名录》。

塔伊国家公园

西非最有特色的国家公园。位于科特迪瓦西南部，紧靠利比里亚边境，西面是科特迪瓦与利比里亚的界河卡瓦拉河，东面有萨桑德拉河；东西宽50千米，南北长100千米，面积

42.5 万公顷，包括平原和山地，海拔 100 ～ 500 米，是几内亚湾西部保存最完好、面积最大的原始森林。1953 年建立塔伊森林保护区，1972 年改为塔伊国家公园。

　　这片原始森林属典型的几内亚湾赤道雨林类型。树种繁多，达 3000 多种，其中 40 种为世界有名的商品树种，如非洲桃花心木、象牙海岸榄仁树、大绿柄桑、西非乌檀等。树种分布极为混杂，每千公顷森林中至少有 200 ～ 300 个树种。具有茂密而多层次的森林结构，包括高大乔木、小乔木、灌木、草本，还有众多藤本植物缠绕林木之间。同时它也是那里唯一留下的一大片供大象、河马、野牛等热带雨林大型动物藏身的重要栖息地。这种类型的赤道雨林生态系统，原本分布在几内亚湾沿岸从塞拉利昂到加纳之间的广大地区，但因长期森林砍伐和农业开垦而被陆续蚕食、分割，大片地从地面消失，塔伊原始森林是目前幸存的最大一片。深居内陆丘陵区，较为偏远，人烟稀少，进入森林的交通条件也差，这些成为建立保护区的有利条件。从 1971 年起，保护范围从原来保护以西非热带雨林中濒临灭绝的大型动物为主的动物区系，扩大到保护整个森林生态系统和生态环境，完整保护其宝贵的生物种质资源。1982 年被列入《世界遗产名录》。

非洲象

万盖国家公园

津巴布韦西部国家公园。又称万基国家公园。位于万盖市以南，西与博茨瓦纳接界。1929 年辟为野生动物保护区。后与附近罗宾斯野生动物保护区合并为国家公园，总面积 146.51 万公顷。

万盖国家公园地处卡拉哈迪盆地东缘，属半干旱区，年降水量 570 ~ 650 毫米，自然植被以稀树草原、灌木和草地为主，南部还分布沙丘。非洲最早、最大的大象禁猎区之一，现有大象 20000 多头。园内共有 100 多种野生哺乳类动物，如长颈鹿、斑马、野牛、黑犀牛、狮子、豹、野狗、鬣狗、角马、

卡拉哈迪羚羊

捻角羚羊、羚羊等。此外，还有 400 多种鸟类。当地居民和志愿者在开辟水源、禁猎巡逻、救助受困动物等方面共同努力，一些濒危物种已得到保护。园内设野营地、旅馆、加油站等，有道路 480 多千米。经由万盖市的对外交通有铁路和公路。

维龙加国家公园

刚果（金）国家公园和自然保护区。位于东部边境，毗邻乌干达鲁文佐里国家公园和卢旺达火山公园。建于 1925 年，范围南至基伍湖北岸，东北为鲁文佐里山，南北狭长，面积 81.52 万公顷。附近居住有俾格米人。

园内地貌、气候、植被类型多样，呈现东非大裂谷山地断层湖带壮丽独特的自然景观。中部大多为爱德华湖所占据。该断层湖海拔 913 米，长 77 千米，宽 42 千米。湖以北的鲁文佐里山跨刚果（金）与乌干达两国，为一巨大地块，有冰

大猩猩

川和积雪，西侧雪线海拔4846米；最高点斯坦利山的玛格丽塔峰海拔5109米，气势雄伟，是非洲第三高峰。中南部爱德华湖与基伍湖之间，有活火山、死火山、熔岩流、热泉、河谷、瀑布、冲积平原等多种景观，著名的有维龙加火山群、鲁丘鲁瀑布等。火山群包括8座火山，平均海拔2500米左右，其中卡里辛比火山海拔4507米，尼拉贡戈火山海拔3470米。园内气候、植被因地形而不同。维龙加山多雨区年降水量1500～2000毫米。山区植被呈垂直分布，从热带森林变化到非洲高山植物；中南部有塞姆利基河谷的热带森林、鲁因迪－鲁丘鲁平原的热带草原、活火山的稀疏林带和死火山的竹林带等类型。公园里的植物达2077种，有264种树木和230种艾伯丁裂谷特有的植物。野生动物包括218种哺乳动物、706种鸟类、109种爬行动物、78种两栖动物和22种灵长类动物。著名的有黑猩猩（活火山区）、大猩猩（竹林区）、貛狐狓、象、河马等。还有狮、野牛、羚羊、各种鸟类（包括鸬鹚和秃鹳）和鱼类、野犬、土豚等。1979年被列入《世界遗产名录》。

马诺沃－贡达圣弗洛里斯国家公园

中非共和国国家公园。又称马诺沃－贡达圣绅罗里斯国家公园。位于中非共和国北部巴明吉－班戈兰省与乍得交界处附近。建于 1979 年。面积约 174 万公顷。

公园地貌丰富，北部为荒原，中部地势平缓，南部为绵延起伏的高原，既有陡峭的悬崖，亦有茂密的森林。北部天气炎热，南部潮湿多雨。公园内生长的植物种类繁多，总数达 1200 种。野生动物有黑犀牛、大象、印度豹、美洲豹、野狗、瞪羚、野牛等，而在公园北部的沼泽地则栖息着各种各样的水禽。1988 年被列入《世界遗产名录》。

第三章

欧洲

阿布鲁佐国家公园

❧ ⸎ ❧

　　意大利国家公园。位于亚平宁山脉中段，西距罗马约 90 千米。1923 年 1 月 2 日按皇家第 257 号法令建立。经数次扩展后的面积为 4.4 万公顷，包括拉奎拉、弗罗西诺内和伊塞尔尼亚三省的 22 个城镇。海拔 700 ～ 2200 米。

　　境内多古冰川地貌和喀斯特现象。桑格罗河为主要河流，并有维沃湖等一些天然湖泊。河谷地多葱翠的蔬菜地和白杨、柳、桤等树林。较高处为亚平宁山地典型的以山毛榉占优势的森林带，林中游隼、金鹰、苍鹰与啄木鸟等鸟类十分丰富；也是重要的珍贵濒危动物的栖息地。其中马尔西坎棕熊是公园的标志，由于采取严格的保护措施，现约有 80 只活动在境内和附近山区。此外，还有稀少的亚平宁狼、阿布鲁佐小羚羊和红鹿等约 30 种哺乳动物。森林带以上较高海拔处遍布草地。1980 年，公园自治委员会将全园划分为完全保留区、一般保留区、保护区与开发区，对全园进行严格管理，但对旅游业则有较灵活的规定。佩斯卡塞罗利是公园总部所在地，并被开发为滑雪胜地，附近有野营地和旅馆。有公路、铁路通罗马。

比亚沃维耶扎国家公园

波兰境内的国家公园。位于波兰东部比亚沃维耶扎森林区中部，勒斯纳河与布格河支流纳累夫河流域之间，毗邻白俄罗斯。波兰和白俄罗斯在此共同建立了自然保护区。

公园始建于 1921 年。面积 23800 公顷。园内分布着广阔茂密的原始森林和珍稀动物群。共有 40 个植物群落，632 种

比亚沃维耶扎国家公园冬季景观

维管束植物，其中 443 种为特有种，主要树种有挪威云杉、欧洲落叶松、欧洲赤松、欧洲冷杉、欧洲栎、欧洲桦、欧洲椴、欧洲山杨等，其中最多的是挪威云杉。古树树龄可达几百年，最长者达 800 多年。这里是濒于绝种的欧洲野牛和烈性野马栖息地，野牛经过人工保护，已有 400 多头。有哺乳动物 50 多种，鸟类 200 多种，主要有驼鹿、猞猁、河狸、鬃羚、狍子、鹅、鸭、天鹅、黑鹳等。园内辟有特定的狩猎场。此外，公园内还有一些记载某些历史事件的文化遗迹。1979 年联合国世界遗产委员会决定把这里作为第一批 57 项文化与自然双重遗产之一列入《世界遗产名录》。

大帕拉迪索国家公园

意大利建立最早的国家公园。位于意大利西北边境与法国交界处，毗邻瓦诺伊塞国家公园，东南距都灵约 45 千米。面积 7 万公顷。

大帕拉迪索国家公园地处阿尔卑斯山地区，海拔高度自谷底的 800 米至大帕拉迪索峰的 4061 米不等。最初计划为保护濒危的阿尔卑斯野山羊，现已成为公众步行、登山、游览和探索高山奇妙世界的胜地。境内按垂直高度，由灌木林与山毛榉林、落叶松与冷杉林、草地与众多的湖泊、雪峰与冰川组成一个完美、丰富、多样的高山生态环境。低海拔的阔

松鸡

叶林带有树鹨和各种各样的鸣禽，高海拔的针叶林带有金鹰、枭、松鸡与红嘴山鸦等鸟类。公园哺乳动物丰富，有珍稀的阿尔卑斯野山羊以及山地野兔、松鼠、貂、红狐、獾和鼬等。公园辟有步行小径、营地和旅社。游客通常从奥斯塔进入公园。每年初夏游客甚多。

加拉霍奈国家公园

西班牙国家公园和自然保护区。

加拉霍奈国家公园位于大西洋加那利群岛戈梅拉岛中部。建于 1980 年，占地 39.84 万公顷。包括加拉霍奈峰（海拔 1484 米）和小片高原（海拔 790 ～ 1400 米）。园中多地中海类型植物，以月桂最多，栖居月桂林中的桂冠鸽和长趾鸽为罕见的珍贵品种。气候温和，少雨多雾，蕨类植被生长茂盛，树干上长满地衣和苔藓。

普利特维察湖群国家公园

克罗地亚国家公园。位于国土中部利卡地区，距首都萨格勒布约 160 千米。1949 年建园划定园界，面积 29492 公顷。

流经石灰岩、白云岩地区山间峡谷的科纳拉河，因溶于河水中的碳酸盐不断沉积，水流不畅，逐步形成一串高低、大小不一的湖群。共 16 个湖泊，面积合计约 2000 公顷，向北延伸约 10 千米。湖水漫溢跌落，形成瀑布和水帘，将湖群串在一起，蔚为壮观。南部园内密布以山毛榉、杉树、刺柏等为主要树种的原始

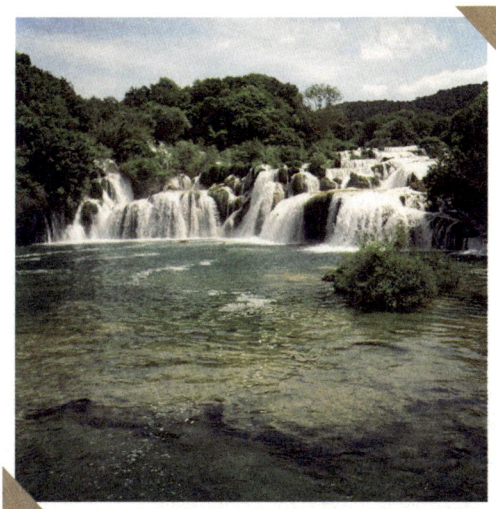

普利特维察湖群瀑布

森林，有熊、狼、羚羊、狐、鹿等野生动物以及各种飞鸟
羽禽。1979 年被列入《世界遗产名录》。

瑞士国家公园

瑞士东南部格劳宾登州境内的国家公园。1914 年建立，
1959 年扩大。

公园面积 16900 公顷，由阿尔卑斯山中部壮丽的风景区
组成。最初是为科学研究而建立的自然保护区。禁止伐木、放
牧、采花、打猎或钓鱼。公园内有罕见的阿尔卑斯山地植物。
野生动物有阿尔卑斯山羊、小羚羊、红鹿、狐狸、貂、土拨鼠
及鹰和其他鸟类。有几条公路穿过，步行小道四通八达。

多尼亚纳国家公园

西班牙最大的国家公园，也是欧洲最大的自然保护区之一。

多尼亚纳国家公园位于西班牙南部的韦瓦省和塞维利亚省，地处瓜达基维尔河三角洲。面积50700公顷。公园由湿地、沼泽、灌木丛、海岸沙丘组成。主要有麝香草、香草等珍稀植物，还有濒临灭绝的猞猁、紫水鸡、皇帝鹰、黑背鸭等珍贵动物。移动的沙丘、海滩、沼泽是野鸭等游禽类和鹰等猛禽的天然栖息地。1994年作为自然遗产被列入《世界遗产名录》。

多尼亚纳国家公园景观

71

第四章

北美洲

奥林匹克国家公园

美国华盛顿州以原始温带雨林著称的国家公园。位于该州西北部的奥林匹克半岛上。1909 年设国家保护区。1938 年以奥林匹克山地为中心建立国家公园。面积 37.34 万公顷。

主峰奥林波斯山海拔 2428 米，为山地最高点。面迎太平洋暖湿西风气流的山地西坡，是美国本土降水最多的地区，平均年降水量 3600 毫米。在温带湿润气候条件下，这里遍布高大茂密的原始森林，如锡特卡云杉、道格拉斯冷杉、铁杉、侧柏、云松、云杉、槭树等；林下分布层次分明的丛林和附生植物，直至地面的地衣、苔藓和蕨类层。林相颇似热带雨林，故称"温带雨林"。背风的山地东坡，降水骤减，森林茂密程度显著逊于西坡。公园另一特色是分布有60多条活动冰川。园内生境多样，除山地绿树外，还有滨海滩

浣熊

地、小湾，以及众多的河流、湖泊和大片的草地等，栖息着各种野生动物。主要有美洲狮、黑尾鹿、黑熊、浣熊和水獭、海豹、海狮等，还有罗斯福麋鹿、本南特貂、斑纹猫头鹰、游隼等珍稀濒危动物。1981年被列入《世界遗产名录》。

班夫国家公园

加拿大第一个国家公园。位于阿尔伯塔省西南部，与不列颠哥伦比亚省交界的落基山东麓。1885年建立，面积66.66万公顷。

公园内有一系列冰峰、冰河、冰原、冰川湖和高山草原、温泉等景观。公园中部的路易斯湖，风景尤佳，湖水随光线强弱，由蓝变绿，漫湖碧透，故又称翡翠湖。湖畔群山环绕，层峦叠嶂，景色清绝。沿落基山脉，有多处冰川湖泊。园内植被主要有山地针叶林、亚高山针叶林和花旗松、白云杉、云杉等。另外还有 500 多种显花植物。主要动物有灰熊、黑熊、麋鹿、驼鹿、山羊、狼獾、旱獭等。公园建有现代化旅馆、汽车旅馆和林中野营地。从山下到山顶有悬空索道。峰顶建有楼阁和观望台，游人可凭栏远眺周围景色。路易斯湖畔有古堡酒店。班夫镇有艺术中心和博物馆，每年入夏，印第安人在这里搭起帐篷和舞台，穿上民族服装，向游客表演民族歌舞。公园入口处附近有一座华人岭，据说因 19 世纪大批华人修铁路时在这里居住而得名。1984 年成为世界自然遗产的一部分。

大蒂顿国家公园

美国怀俄明州西北部壮观的冰川山区公园。位于黄石国家公园以南，杰克逊市以北，东南边界毗邻美国国家麋鹿保护区。1929 年建园，1950 年合并了杰克逊霍尔国家古迹。占地 12.54 万公顷。

园内蒂顿山脉最高峰大蒂顿峰海拔 4198 米，有存留至今的冰川。分布在当地的冰湖以珍尼湖最为著名。斯内克河上用水坝拦堵形成的杰克逊湖为当地最大的水域。园内有成群的野牛、麋鹿和羚羊，偏远处分布有黑熊、秃鹰和蓝知更鸟，溪流中鱼类众多。温暖季节各种野花盛开，有些在雪中即已绽蕾。

麋鹿

大雾山国家公园

美国东部以原始山林荒野和动植物种类丰富多样著称的国家公园。位于田纳西州东部和北卡罗来纳州西部的南阿巴拉契亚山区。面积21.12万公顷。1934年建园。1983年被联合国教科文组织列入《世界遗产名录》。

园区内山峦起伏，有10余座海拔1800千米以上的山峰。亚热带暖湿气候，植被繁茂。山林上空常年笼罩薄雾，"大雾山"因此得名。有1450种维管束植物，其中乔木130多种。40％以上山林为原始林，从山地上部的云杉、冷杉到山麓地带的糖槭、栎、铁杉、鹅掌楸、山月桂、银钟花树、黄桦等。乡土植物有130多种。第四纪冰期时为北美洲植物的庇护所，拥有大片北极第三纪植物遗迹。栖息30多种哺乳动物，如美洲狮、黑熊等。爬行动物中有乌龟7种、蜥蜴8种、蛇类23种。两栖动物种类繁多，尤以蝾螈为最，其中赤面蝾螈为园区特产。山溪水流生活着 70 多种本地鱼类。鸟类达 200 多种，包括濒临绝灭的迁徙性鸟类游隼和稀有的红花结啄木鸟。园内保存有 19 世纪中叶拓荒时期留下的原始房舍。当时东部移民们多数受内陆广袤土地吸引，跨越包括大雾山在内的阿巴拉契亚山区向西迁徙，而忽略对山区本身的开发，大雾山地区原始山林得以保存。

大峡谷国家公园

美国国家公园。位于亚利桑那州西北部的科罗拉多高原上。

科罗拉多大峡谷是世界陆地上最长的河流峡谷，位于美国亚利桑那州西北部的科罗拉多高原上，在科罗拉多河中游河段。因第三纪上新世时高原大幅度抬升、河流强烈下切而成。大峡谷从州北界附近支流帕里亚河汇入河口起，西至内华达州界附近的格兰德沃什陡崖，全长 446 千米。谷深约 1600 米，最深处 1829 米。谷

科罗拉多大峡谷景观

宽 6.5 ～ 29 千米，往下收缩，呈 "V" 字形。谷底水面宽度不足 1 千米，最窄处仅 120 米。河流曲折蜿蜒，河床坡降大，水流湍急。水深 10 ～ 15 米，夏季周围山地冰雪融水下注，水深增至 15 ～ 18 米。谷壁呈阶梯状，南壁海拔 1800 ～ 2100 米，气候干暖，植物稀少；北壁比南壁高 400 ～ 600 米，气候寒湿，林木苍翠；谷底海拔 760 ～ 800 米，气候干热，呈荒漠景色。从谷底向上，沿崖壁出露着从元古宙到新生代的各期岩系，水平层次清晰，并含有代表性生物化石，有 "地质史教科书" 之称。岩性软硬不同、颜色各异的岩层，被外力作用雕琢成千姿百态的奇峰异石和峭壁石柱，随着晖明阴晦的天气变化，水光山色变幻无穷，蔚为奇观。大峡谷及其两侧高原地区的有机界包括 1500 种植物、355 种鸟类、89 种哺乳动物、47 种爬行类动物、9 种两栖类动物和 17 种鱼类。

1919 年美国国会通过法案，将大峡谷最壮观的一段及其附近地区正式辟为国家公园，面积 272800 公顷。1975 年国家公园扩大，加上原先的大峡谷国家保护区和马布尔峡谷国家保护区，以及部分格伦峡谷国家休养地和米德湖国家保护区，总面积达 492900 公顷。1980 年被联合国教科文组织列入《世界遗产名录》。

大沼泽地国家公园

　　美国以保护亚热带沼泽湿地环境及其生态系统著称的国家公园。又称埃弗格莱兹国家公园。1934 年国会通过建立大沼泽地国家公园法案。1947 年建成。1979 年被联合国教科文组织列入国际生物圈保护区和《世界遗产名录》。

　　大沼泽地国家公园位于佛罗里达半岛最南部，包括南临的佛罗里达湾。面积 61.09 万公顷。公园所在地为一向南缓

倾的石灰岩浅盆地，气候暖湿，平均年降水量约 1500 毫米。每年 6 ~ 10 月雨季，北面奥基乔比湖等大小湖泊和众多河道水溢，河水流经半岛南部园区注入佛罗里达湾，部分滞留浅盆地，形成大片泽国，雨季过后留下沼泽湿地。其中沼泽占公园总面积 1/7 以上。水域密布各种草类，当地塞米诺尔印第安人称之为"帕美奥基"，即"长草的水域"之意。地势稍高的小岛，则林木丛生，包括棕榈、柏、落羽松、橡树、榕树等，林下生长大量蕨类和兰科植物；沿海地带分布浓密的红树林。

独特的生态环境，哺育各具特色的野生动物群。沼泽湿地和红树林是各种水禽的栖息地，如苍鹭、白鹭、琵鹭、鹈鹕、鹳等，还有美洲短吻鳄、白头海雕（美国国鸟）等珍稀动物。众多小岛栖居着白尾鹿、美洲豹、浣熊、猞猁、山猫、负鼠、灰松鼠以及蛇、龟等爬行动物。沿海水域有 150 多种鱼类，并是著名的佛罗里达海牛保护基地。

多年来，为保护大沼泽地原始生态环境，政府采取了一系列措施，包括控制农地开发和排水工程、恢复自然水流系统、已开垦地退耕回归沼泽湿地、中断公园附近的国际机场兴建工程等。1996 年和 2000 年，国会先后两次通过保护大沼泽地法案。

蒂卡尔国家公园

危地马拉国家公园。位于危地马拉北部佩腾省东北部丛林中，西南距弗洛雷斯约35千米。建于20世纪50年代。面积约22.1万公顷。

蒂卡尔古城位于公园内，是玛雅古国最大城市和祭祀中心所在地之一。设有博物馆，陈列大量出土文物。古城外有5万公顷林地，有多种珍贵动植物。1979年作为文化与自然双重遗产被列入《世界遗产名录》。

玛雅文明古典期代表性

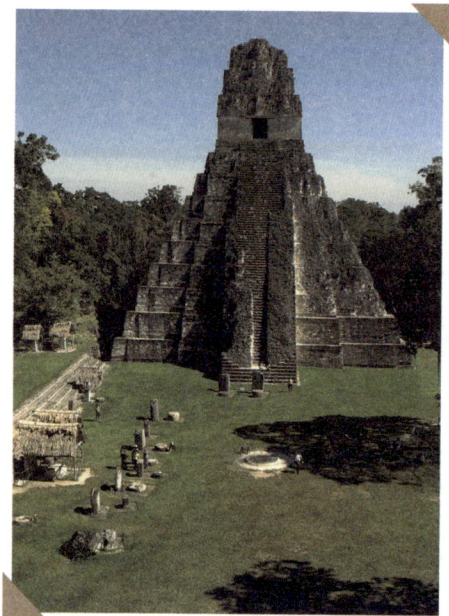

蒂卡尔遗址I号神庙

古城。遗址位于危地马拉北部。城区面积达 5000 公顷，居民达 4 万人。祭祀和行政管理中心位于城中央。在此发现了金字塔式台庙、宫殿、官署、广场、卫城和巨型石碑等。宫庙建筑成院落单元布局是蒂卡尔礼仪中心的显著特点。建筑多坐落在大型平台上，往往由两座金字塔、一座长条形建筑和一座石碑院落组成一个独立单元。著名的 4 号金字塔台神庙高 75 米，是玛雅地区最高的建筑物。近年来依据碑铭确认了从 4 世纪晚期至 8 世纪晚期 11 位统治者的王朝序列。蒂卡尔遗址的第一位统治者"美洲豹·爪"死于 376 年。蒂卡尔王朝序列曾一度中断，但到 682 年复兴。复兴王者的陵墓就是规模宏大的 1 号神庙，其子修建 4 号神庙，孙子修建 6 号神庙。6 号神庙顶脊上刻满巨大的文字符号，详细记载了当时的历史事件和各种神话传说。

公园中的佩腾地区和玛雅森林是各种陆地和淡水生动植物的家园，包括：200 多个树种，森林类型以棕榈树、附生植物、兰花和凤梨科植物为主；100 多种哺乳动物，包括 60 多种蝙蝠、5 种猫科动物，还有啸猴及许多濒危物种，如尤卡坦蜘蛛猴和贝尔德貘；有记录的鸟类超过 330 种，包括濒危的大凤冠雉；100 多种爬行动物，如濒临灭绝的中美洲河龟、莫雷特鳄鱼和 38 种蛇；25 种已知的两栖动物、品种多样的鱼类和无脊椎动物；当地还发现了几种农业植物的野生品种。

红杉树国家公园

美国西部为保护珍贵原始红杉林而设的国家公园。1976年和1980年先后被联合国教科文组织列入国际生物圈保护区和《世界遗产名录》。位于加利福尼亚州中东部内华达山区，北邻金斯峡谷国家公园，1890年建园，是美国第2个建立的国家公园。面积16.3万公顷。

北美红杉

园区面迎太平洋湿润气流，冬季多雨，夏季多雾，甚宜红杉生长。园内红杉树数以千计，其中有数百棵高大挺拔，年代悠久，部分还以知名人物命名。例如，最著名的"谢尔曼将军树"，高 84 米，基部直径 11 米，树龄已达 3500 多年，有"世界树王"之称。另有一棵红杉树高达 112 米，是目前世界已知的最高树木。园内还遍布冷杉、云杉、橡、柳、榛等其他林木。栖息 75 种哺乳动物，如黑熊、黑尾鹿、美洲野猪、美洲豹、山狮等。鸟类 200 多种，包括稀有的濒临灭绝的白头啄木鸟、加利福尼亚栗色鹈鹕、游隼等。园内有克恩河峡谷、克利斯特尔溶洞、马布尔瀑布等胜景。

卡乌伊塔国家公园

哥斯达黎加国家公园。位于加勒比海西岸，哥斯达黎加东部的卡乌依塔角。面积 1100 公顷。1970 年建立。

这里的海岸很有特色，椰子树、棕榈树、红树林及其他灌木，给公园海岸筑起一道绿色篱笆。在离海岸线 500 米处，有一面积 600 公顷的珊瑚礁，生长着 30 多种色彩绚丽的活珊瑚。珊瑚下面有许多热带海洋动物和海生植物，是该园的主

要保护对象。在公园里，游客可乘坐游艇观赏加勒比海风光，或在海滨游水，或潜水欣赏海底世界。

黄石国家公园

世界上最早建立的国家公园。主要位于美国西部怀俄明州西北部，部分伸入蒙大拿州和爱达荷州境内。面积89.83万公顷，是美国本土面积最大的国家公园。1872年美国国会通过提案，正式建立黄石国家公园，成为现代自然保护事业的先驱。1976年和1978年先后被联合国教科文组织列入国际生物圈保护区和《世界遗产名录》。

公园地处北落基山与中落基山间的黄石熔岩高原，曾历经多次火山活动，1959 年发生里氏 7.5 级大地震，地壳至今不稳定。山峦崎岖，海拔 2100～2400 米，东边的伊格尔峰海拔 3462 米，为全园最高峰。黄石河自南向北纵贯园区。途中流经的黄石湖，面积 3.39 万公顷，湖面海拔 2357 米，是北美洲海拔最高的大湖泊；黄石河在北部切割成长 30 千米、深 370 米的黄石河大峡谷，河水跌落形成壮观的上瀑布和下瀑布。园内有 300 多处间歇喷泉和 3000 多处温泉，主要分布在公园西半部，其温度、水量、排水方式和水质成分各异，数量和种类之多，世界罕见。其中包括喷发很有规律的"老忠实泉"、以喷发高度著称的斯廷博特泉、著名马默斯温泉等。还有泉华丘、泥火山、蒸气孔、黑曜岩悬崖和化石森林等胜景。

生境多样。有大片原始森林，主要树种为黑松、扭叶松、

黄石国家公园风光

云杉、冷杉以及白杨、三角叶杨、桤木等；也有广阔的草原和艾灌丛沙漠。园内生活着多种野生动物，大型哺乳动物有野牛、麝、巨角野羊、黑熊、灰熊、驼鹿、土狼等；鸟类300余种，包括秃鹰、鱼鹰、白鹈鹕、加利福尼亚鸥等。

交通便利，道路总长560多千米，其中大环形路长达225千米，小径总长逾1900千米。各种旅游设施齐全。

科科斯岛国家公园

哥斯达黎加国家公园。在哥斯达黎加西南的太平洋科科斯岛上，北纬5°30′～5°34′，西经87°03′～87°06′，距海岸532千米。

科科斯岛于1526年被西班牙人发现，17～18世纪为海盗的藏身地。据传这里曾匿藏过大量宝藏。公园建于1978年6月。岛屿面积2400公顷，海域面积97235公顷。气候炎热，雨量充沛，平均年降水量7000毫米以上。岛上复杂的地形形成了许多瀑布，其中一些从很高的地方直落海洋。海岸蜿蜒曲折，有高达 183 米的峭壁，也有水下洞穴。常年被茂密的森林覆盖，有 235 种植物（70 种为特有种）、362 种昆虫、2

科科斯岛国家公园一角

种爬行动物、3 种蜘蛛、85 种鸟类、57 种甲壳类动物、118 种海洋软体动物、200 多种鱼类和 18 种珊瑚。在众多的树种中，有粉红克鲁希亚木、铁树、棕榈等。该公园被称为研究自然的实验室。1997 年作为自然遗产被列入《世界遗产名录》。

伍德布法罗国家公园

加拿大最大的国家公园，也是世界最大的国家公园之一。1922 年为保护野牛群而建。1983 年被联合国教科文组织列入

猞猁

《世界遗产名录》。

　　伍德布法罗国家公园位于西北地区南部和艾伯塔省北部，大奴湖和阿萨巴斯卡湖之间。面积约 448 万公顷。园内平原广阔，河湖众多，还分布大片喀斯特地貌以及加拿大仅有的盐碱地。既有连绵的草原，也有茂密的森林。草原上生息着北美大陆仅存的最大野牛群，总数约 6000 头。皮斯河流经公园南部，注入阿萨巴斯卡湖，形成大面积内陆三角洲。这片保持着原始生态的湿地，栖息着各类鸟禽，是珍稀的美洲鹤（鸣鹤）筑巢区，还有游隼、白头海鸥等。在园内出没的其他动物还有黑熊、北美驯鹿、麋、猞猁、河狸等。

马默斯洞穴国家公园

拥有世界最长地下洞穴网的美国国家公园。位于肯塔基州中西部。面积21400公顷。1941年正式建立。1981年和1990年先后被联合国教科文组织列入《世界遗产名录》和国际生物圈保护区。

洞穴由石灰岩经长期水溶而成。上下5层相叠，最下一层低于地面110米。250多条洞穴通道盘绕在5个不同高度的平面上，上下左右互相通连，已探明总长度达560多千米。已发现规模较大的

马默斯洞穴国家公园内的溶洞洞穴

洞穴七八十个，最大的"中国神庙厅"面积达 14850 平方米。石钟乳、石笋、石穴、石花、石蘑菇、石瀑布等各类喀斯特地貌遍布。洞穴区有 3 条地下河流、2 个地下湖泊和许多地下峡谷、深井。在恒温（12℃）、恒湿（湿度 87％）和黑暗的脆弱生态环境下，生活着一些独特的动物，如盲鱼、无翅蟋蟀、蜥蜍、印第安纳蝙蝠等。马默斯洞穴的地上世界，岗丘起伏，森林茂密，格林河及其支流蜿蜒流贯。原仅有一个天然洞口，现已有 3 个人工洞口，辟有 5 条线路供游客通行。

梅萨维德国家公园

又称弗德台地国家公园。位于美国科罗拉多州西南部蒙特苏马山谷和曼科斯山谷之间。是北美洲印第安人文化遗迹保留地。占地 2.01 万公顷。1888 年 12 月发现，1906 年辟为国家公园，并设立了专门管理机构。梅萨维德，西班牙语意为"绿色台地"，为 18 世纪西班牙探险家所命名。

　　约在 2000 年前，一个称作阿纳萨扎伊的印第安部族在此建立了小王国。起初他们在地坑里盖造粗犷的房舍，成为这里最早的聚居和以务农为生的印第安人。后为了躲避其他部族的侵袭，他们开始迁移到峡谷两侧的悬崖峭壁间，开山凿石，垒砌墙壁，构置峭壁石室，在历史上被称为峭壁居民。公园内遗存的印第安人建筑遗迹主要有两处最集中：一处是峭壁王宫，一处是云杉之屋。前者约建于 11 世纪，建筑形式像现代的公寓，分 2 层、3 层、4 层几种规格，总计有房间 200 多个。在峭壁王宫外缘，还有许多圆形地下室，供部族内部社交活动或敬神之用。云杉之屋约建于 12 世纪，共有峭壁房舍 100 多所。房舍周围还有 500 所古屋，如用于敬神的太阳庙以及阳台屋、落日屋、方塔屋、雪松屋、回音室等。由于这些石屋均建在悬崖峭壁上，故参观的游人入室必须攀登一道惊心怵

公园内的印第安人建筑遗迹

95

目的长梯或凭借扶梯下到地下室。此外在峡谷两侧坡地处还辟有梯田，在谷地建有水塘，在某些废墟上绘有壁画。公园辟有博物馆，馆内收藏有这些部族的手工艺品，如造型精巧的黑白花纹陶器、鸳鸯杯、连柄杯、水瓮等。13 世纪末，这一带发生了特大旱灾和部族之间的连年格斗，他们被迫放弃家园，逃往他乡，只留下了村落。直到 19 世纪初叶，这里才逐渐被邻村的定居者或当地牧民发现。这些古迹是美洲大陆高度发展的印第安人文明的象征，对于了解哥伦布发现美洲大陆前北美印第安人的生活极有价值，同时也是一处历史文化旅游景观。1978年被列入《世界文化遗产名录》。

落基山国家公园

美国科罗拉多州中北部国家公园。地处埃斯特斯公园镇以西，西南与阿拉帕霍国家休闲区相邻，被科罗拉多河蓄水形成的两个湖泊环绕。1915 年建立，面积 107500 公顷。1976

年被联合国教科文组织指定为生物圈保护区。

境内多海拔逾3000米的山峰，其中朗茨峰海拔4346米。除高山外，还有宽阔的河谷、峡谷、高山湖泊和湍急奔泻的溪流。有冰川时期的冰川痕迹，如高山草场和漂砾。植物有700多种。动物有大角羊、鹿、山狮、黑熊、麋鹿及各种鸟类。

夏威夷火山国家公园

美国夏威夷岛东南部火山区的国家公园。1916年始建自然保护区。1961年正式辟为国家公园。面积84900公顷。1987年被列入《世界遗产名录》。为世界上为数不多的向游客开放、可目睹火山喷发奇观的地方。

园内冒纳罗亚和基拉韦厄两座著名活火山喷出基性玄武岩质熔岩，属盾形火山。冒纳罗亚火山自 1832 年以来平均每隔 3～4 年喷发一次，现海拔 4170 米，为当今世界上体积最大的活火山。基拉韦厄火山在前者的东南侧，海拔 1247 米，喷发更为频繁，即使在"平静期"也冒着白烟，火星四溅。除熔岩流分布区景象荒芜外，园内许多地方仍然洋溢生机，尤其是面迎东北信风的山坡，林木繁盛，栖息各种野生动物，如野山羊、野猪、鹌鹑等，还有当地特有的夏威夷鹅、夏威夷长鹨等。

基拉韦厄火山附近建有世界上第一座火山观察站（1912），

研究人员已基本摸清两座活火山的活动规律，能正确预报火山喷发的时间、地点和熔岩流向。为游客专设封闭的透明观察台，以就近观察火山喷发奇观。在基拉韦厄游客中心设有火山博物馆，介绍过去火山喷发记录和有关火山的科学知识。

约塞米蒂国家公园

美国加利福尼亚州中东部的国家公园。地处内华达山脉西坡。面积30.81万公顷。1864年经美国国会批准，A.林肯总统颁令，划出12560公顷土地，设立美国第一块州立保护地。1868年，一位年轻的苏格兰移民 J.缪尔慕名而来，在此定居，开始了他为之奋斗终生的自然保护事业。在缪尔的努力下，1890年约塞米蒂国家公园正式成立。1903年春，缪尔陪同 T.罗斯福总统在园内进行4天旅行。1906年公园扩大到现在的规模。1984年被联合国教科文组织列入《世界遗产名录》。

约塞米蒂瀑布

公园以高大的花岗岩巨丘陡崖、北美洲最高的瀑布和长寿巨树红杉林著称。地处公园西南部的约塞米蒂谷地，长 11.2 千米，宽 800 ～ 1800 米，深 300 ～ 1500 米，为公园的精华所在。这是一条典型的冰融 "U" 形谷，谷底平坦，谷壁陡峭。矗立于谷地南面入口处的埃尔卡皮坦山（将军岩）高达 1098 米，堪称世界最大的花岗岩块；哈夫圆丘（半圆丘）以其高达 1463 米的半圆形的陡直峭壁，被视作约塞米蒂谷地的标志。还有落箭岩、三兄弟山、格拉西尔峰（冰川峰）、卡西德勒峰、森蒂纳尔圆丘（哨兵岩）等，均平地拔起，护围着谷地。绕经山谷的默塞德河，由 3 条出自山间的支流汇成，它们从高耸的花岗岩山崖跌落，形成了一系列高悬的瀑布。其中约塞米蒂瀑布总落差达 739 米，为北美洲第一、世界第三高瀑；里本瀑布落差 491 米，为北美洲第二高瀑；还有伊利卢埃特瀑布、布赖德韦尔瀑布、内华达瀑布、费纳尔瀑布等。

园内生境多样，植物种类多达 1500 余种，主要有冷杉、白松、黄松、黑松、雪松、山桧、栎树等。红杉原始林地闻名于世，位于公园南端入口处的马里波萨丛林是面积最大的一处，更有树龄已逾 2700 多年的"灰色巨树"和有道路穿过树干的"隧道树"。约塞米蒂谷地以北的图奥勒米草地是内华达山脉面积最大的高山草甸。

园内栖息着 80 种哺乳动物、29 种两栖类和爬行类动物、220 多种鸟禽、11 种鱼类。常见浣熊、狐狸、郊狼、黑熊、奥鼬、长耳黑尾鹿等，还能见到濒临灭绝的秃头鹰和生存能力极弱的游隼。

在约塞米蒂谷地游客中心专设印第安文化博物馆，展示最早居住在这里的土著印第安部落历史。对来自世界各地的攀岩爱好者来说，约塞米蒂谷地周围的花岗岩悬崖峭壁是从事此项运动的胜地。

第五章

南美洲

冰川国家公园

阿根廷国家公园。位于圣克鲁斯省西南部的安第斯山区，占地面积445900公顷。1937年开始受到正式保护，1945年建成国家公园，以保护陆地冰原以及亚寒带森林和草原。由于自然风光独特，并具有典型的冰川地貌特征，1981年作为自然遗产被列入《世界遗产名录》。

气候寒冷，年平均气温 7.5℃，平均年降水量 809 毫米。公园内分为两个截然不同的风景区。西部是冰雪覆盖的山脉、冰川、湖泊和森林，东部是巴塔哥尼亚草原。冰原和冰川的面积几乎占到公园总面积的一半，公园因此而得名。园内共散布着47条大型冰川和200多条小冰川，海拔最高达2000～3000米。著名的莫雷诺冰川位于公园南部，长约35千米，其冰舌宽约4000米，高60米，屹立在阿根廷湖面上，呈现出时进时退的奇特景观，每年吸引大量游客前来参观。阿根廷湖北端的乌普萨拉冰川是当地最大的冰川，巨大的冰山常流入湖中。北部的菲兹·罗伊峰海拔3375米，是公园内的最高点。冰山在山谷冰川、森林和湖水的映衬下构成了世界上独一无二的自然景观，公园是研究冰川消长运动规律、冰川地貌的理想场所。公园内的动植物资源丰富，西部的植被是典型的安第斯–巴塔哥尼亚森林和灌木，向东则过渡到干草原。主要动物有美洲狮、鹿、狐狸、原驼、黑颈天鹅等。

卡奈马国家公园

委内瑞拉国家公园。位于东南部靠近圭亚那和巴西边界，帕卡赖马山脉以北。世界第六大国家公园。面积约300万公

大食蚁兽

顷。海拔 400 ～ 2400 米。平均气温 10 ～ 21℃。1 ～ 3 月为旱季。1962 年建园。

园内包括卡奈马湖、卡拉奥河河谷、大萨瓦纳平原和安赫尔瀑布等。因地形复杂和气候潮湿，植物呈多样性，仅兰花就有 500 多种。多珍禽异兽。哺乳类动物有美洲虎、美洲狮、豹猫、野狗、眼镜熊、獭、犰狳、鹿、食蚁兽、浣熊、豪猪以及各种猴。爬行类和两栖类动物有变色蜥蜴、鳄鱼、鬣蜥蜴和各种蛇。此外，还有 550 多种珍稀鸟类。1994 年被列入《世界遗产名录》。

达连国家公园

巴拿马国家公园。位于巴拿马东南部达连省境内，毗邻哥伦比亚。面积 57900 公顷，是中美洲最大的国家公园。

达连国家公园东北的达连山海拔 300 ～ 1000 米，最高峰海拔 1845 米。山脉多死火山，火山爆发留下的熔岩和凝灰岩随处可见。园内热带雨林茂

印第安人

盛，动物种类繁多，有 7 种特有哺乳动物，还有 450 种鸟类，其中 5 种为特有种。有 3 个主要的印第安人部落居住在此。1981 年作为自然遗产被列入《世界遗产名录》，1982 年被定为世界生物圈保留地。

洛斯卡蒂奥斯国家公园

哥伦比亚国家公园。位于哥伦比亚和巴拿马边境的达连山以南，包括乔科省和安蒂奥基亚省边界处的绍塔塔市。1974 年被定为国家公园。面积约 10 公顷。

107

这里是第四纪的冲积平原，有阿特拉托河流过。属于热带雨林气候，年平均气温 28 ~ 30℃。动植物资源非常丰富，包括 1500 多种花，750 种树，450 多种鸟，150 多种蝴蝶，100 多种爬行动物，60 种两栖动物，8000 多种昆虫。就单位面积的植物数量和种类而言，在世界独占鳌头。保存着哥伦比亚最后一片桃花木林地和独籽角树。洛斯卡蒂奥斯国家公园是人类重要的生物资源宝库，1994 年作为自然遗产被列入《世界遗产名录》。因过度采伐、未经授权的定居点等原因导致森林环境恶化，2009 年列入《濒危世界遗产名录》。之后由于公园管理水平的提高和国家主管部门为减少非法采伐木材和过度捕捞而采取的措施，2015 年被移出《濒危世界遗产名录》。

玛努国家公园

秘鲁自然保护区。位于东南部马德雷德迪奥斯省马努州、库斯科省普卡尔坦博州和拉孔本西翁州。建于 1983 年。面积

171.63 万公顷。

公园有植物 2000 ～ 5000 种，200 多种哺乳动物，800 种鸟类，68 种爬行动物，77 种两栖动物和数量惊人的淡水鱼。区内荒无人烟，只有人数不多的当地印第安人部落居住，其中有些部落还停留在石器时代。玛努国家公园被世界认为是全球最具生物多样性的地区之一。因该公园对人类的重要意义，1977 年被联合国教科文组织宣布为生物圈保留区，1987年作为自然遗产被列入《世界遗产名录》。

圣拉斐尔国家公园

智利国家公园。位于南部伊瓦涅斯将军的艾森大区，濒临太平洋。

1945 年为保护生态环境和当地动植物而建，面积 174.2万公顷。园中圣拉斐尔湖由泰陶半岛和大陆间长 16 千米的峡湾形成，有圣拉斐尔冰川伸入。深邃的峡谷和众多的湖泊

为发展旅游提供了得天独厚的自然条件。有海路和河道与外界沟通。

雪山国家公园

哥伦比亚国家公园。位于哥伦比亚中部、中科迪勒拉山脉中段，北纬 4°～5°，西经 75°～76°，是火山多发地带。

国家公园南北长约 45 千米，东西约有 50 千米，面积达 20 万公顷。包括在托利马与卡尔达斯、里萨拉尔达和金迪奥四省交界处的海拔 4855 米的拉奥耶塔山、海拔 5590 米的路易斯山、海拔5250米的圣伊萨贝尔山、海拔5200米的西斯内山、海拔5190米的金迪奥山和海拔5215米的托利马山，以及海拔5700米的乌伊拉山。这些终年积雪的雪山有众多滑雪场，可供全年滑雪。雪山国家公园周围数省是重要的软咖啡种植区。那里有温和潮湿的环境、适度的雨水、火山岩土壤和充足的阳光，生产优质、味道芬芳的软咖啡，闻名遐迩。

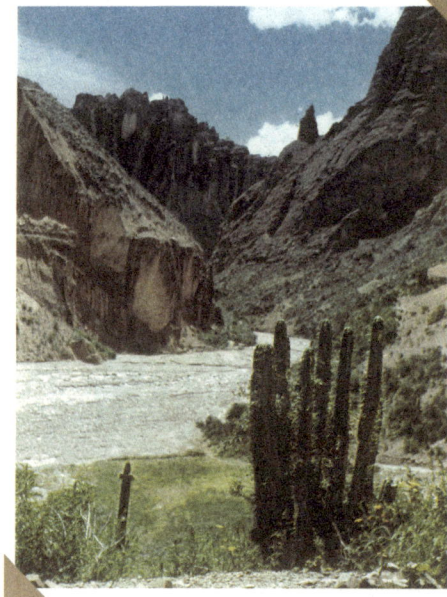

科迪勒拉山系风光

普拉塞国家公园

哥伦比亚国家公园。位于中科迪勒拉山脉南段、考卡省与乌伊拉省边界附近的帕帕斯荒原以北。

属热带高山气候，年平均气温低于10℃。这里是火山多发地带，也是马格达莱纳河、考卡河和卡克塔河的发源地。为保护3条河的源头，避免地表水土流失，哥伦比亚政府在帕帕斯荒原地区建立普拉塞国家公园，公园覆盖面积达83000公顷。园内有近40个小湖，7座火山，其中普拉塞火山海拔4646米，索塔拉火山海拔4580米，最为著名的潘·德阿苏卡尔火山海拔4670米。公园距考卡省首府波帕扬半小时车程。在公园东南侧山下、乌伊拉省南部有圣奥古斯丁遗址。

瓦斯卡兰国家公园

秘鲁自然保护区。主要位于中西部安卡什省瓦拉斯州。建于1975年。面积34万公顷。

园区包括整个布兰卡山系和7座6000米以上雪山，构成由雪山、湖泊、峡谷、激流和瀑布等组成的景观。园内地势悬殊，有海拔 5000 ～ 6768 米高度不等的雪山（其中 6768 米的瓦斯卡兰山为全国最高峰）、冰川侵蚀形成的"一线天"似的深谷、数量众多的大小湖泊、663 条冰川。气候分为截然不同的两个季节：4 ～ 9 月为旱季，6 ～ 8 月干旱尤甚；10 月至翌年 5 月为雨季，1 ～ 3 月降水最多。植物种类繁多。特有种普亚树，可在短期内长到 10 米以上。动物种类也很多，主要有灰鹿、塔卢卡鹿、眼镜熊、小羊驼、美洲狮、狐狸、鼬、欧林猫、臭鼬等。鸟禽类丰富，主要有鸭、骨顶鸡和蜂鸟等。因其生物多样性和独特的自然景观，被联合国教科文组织宣布为人类"生物圈保护区"，1985 年作为自然遗产被列入《世界遗产名录》。

蜂鸟

113

桑盖国家公园

厄瓜多尔本土最大的自然资源保护区。位于国土中部，基多以南170千米，跨越通古拉瓦、钦博拉索、卡尼亚尔和莫罗纳－圣地亚哥4省。1975年被宣布为野生动物保护区，1979年被正式列入厄瓜多尔国家公园。面积27.2万公顷。

桑盖国家公园为人烟稀少的原始森林和高寒地带，包括海拔900米的热带雨林和海拔5000米的常年覆盖冰雪的火山峰。公园内有327个湖泊和通古拉瓦火山、埃尔阿尔托火山、桑盖火山3座著名火山。桑盖火山是世界最活

山地貘

跃的火山之一。公园至少有 3000 种开花植物，有动物 601
种，包括 33 种两栖类、14 种爬行类、430 种鸟类、17 种鱼
类和 107 种哺乳类，其中很多为濒危动物，如山地貘等。公
园有两个特种鸟保护区：中安第斯高原区，有 11 种珍稀鸟
类；厄瓜多尔－秘鲁东安第斯山脉，有 17 种珍稀鸟类。桑盖
国家公园因拥有多样的生态系统和丰富的生物资源，1983 年
作为自然遗产被列入《世界遗产名录》。

伊瓜苏国家公园

巴西国家公园，世界最大的亚热带森林之一。位于巴拉
那州西南部与阿根廷交界处。1939 年被辟为国家公园，并在
1944 年和 1981 年进行了两次扩建，占地面积 16.97 万公顷，
是巴西最大的森林保护区。

该公园与阿根廷的伊瓜苏国家公园（面积 55500 公顷，
建于 1934 年，1984 年作为自然遗产被列入《世界遗产名录》）

共同拥有世界著名的伊瓜苏瀑布。每年吸引 70 多万国内外游客。属亚热带湿润性气候，平均年降水量 2000 毫米。内有逾 2000 种植物，栖息着濒临灭绝的动物，如细脖狼、短吻鳄

和巨型水獭等。还有当地特有的哺乳类动物，如貘、食蚁兽、密熊、吼猴、南美浣熊、美洲豹、美洲豹猫和美洲虎猫等。1986年作为自然遗产被列入《世界遗产名录》。

第六章

大洋洲

库克峰国家公园

新西兰国家公园。位于南岛中西部，坐落在南阿尔卑斯山景色壮丽的中段东坡，西与韦斯特兰国家公园相邻。1953年辟为公园。面积7万公顷。

公园1/3地区常年积雪，或为冰川覆盖，有27座海拔3000米以上的高峰。库克峰雄踞中间，顶峰险峻，较难攀登。高坡处寸草不生，岩石交错于冰雪之中。山间多冰川、瀑布。公园内多湖泊，冰蚀湖呈深赭石色，雨水湖清澈翠绿，山影碧波，气象万千。海拔1000米（雪线）以下的森林茂密，园内有大鹦鹉、鹰、羚羊、野兔等野生动物。这里是爬山、滑雪、狩猎的理想去处。

卡卡杜国家公园

澳大利亚6个联邦国家公园之一。位于北部地区首府达尔文市以东250千米处。卡卡杜国家公园曾是土著自治区，1979年被划为国家公园。公园占地175.53万公顷，由其传统的主人（当地土著居民）与联邦政府环境和遗产部共同管理。

公园的名字"卡卡杜"来自这一地区土著居民的语言。卡卡杜国家公园由3个部分组成，即沙石平原、一直起伏延伸到阿纳姆地西部悬崖的山地，以及低处的洪积平原和潟湖。悬崖是公园最具特色的景观，绵延长达600千米，悬崖的部分地方高达450米。底部和岩石台地上生活着大量的野生动物。悬崖上有许多岩洞，里面已发现约1000处考古价值很高的岩画。这些岩画估计已有1.8万年的历史，从中可以看到

卡卡杜国家公园内的瀑布

土著居民各时期的生活内容。卡卡杜国家公园有阿利盖特河等多条河流经过，大片的湖泊和湿地成为众多水禽在旱季的庇护所。这一地区的湿地，以其突出的生态学、植物学、动物学和水文学特征，被列入《国际重要湿地名录》。

公园内动植物种类异常丰富。美洲红树、草地、桉树林和成片的雨林所组成的植被，为大约1000种植物、270种鸟类、50多种当地特有的哺乳动物、40余种鱼类和22种蛙类提供了良好的生存环境。公园的生态景观具有明显的季节变化，每年5～10月，气候适宜，道路通畅，是到此旅游观光的最佳时间。1981年被联合国教科文组织列入《世界遗产名录》。

乌卢鲁－卡塔曲塔国家公园

澳大利亚国家公园。位于澳大利亚大陆中部马斯格雷夫岭北麓，东北距艾利斯斯普林斯约 300 千米。占地 132566 公顷。

1958 年始建，初称艾尔斯岩－奥尔加山国家公园。1985 年以后，按当地土著居民的语言改称乌卢鲁－卡塔曲塔国家公园。1987 年作为自然遗产、1994 年作为文化遗产被列入

《世界遗产名录》。公园大部分地区为一望无际的沙漠平原，一些地区有红色砂岩出露。世界上最大的独体岩石艾尔斯岩突起在平原上，其颜色随日光照射程度差异而千变万化，被当地的土著居民视为圣地。距艾尔斯岩48千米处的奥尔加山高约546米，由36个岩石山包组成，当地土著居民称它为"卡塔曲塔"（有许多个头颅的地方）。

公园内有一些珍贵或濒危动植物。植被主要是半沙漠植物，有小尤加利树、鼺刺属植物、金合欢属植物、沙枥、硬木树、伞层花桉等。动物则包括大袋鼠、澳洲野犬、袋狸、鸸鹋、蛇、蜥蜴等。约有土著居民80人居住在公园内，原以猎杀野兽和采集野果为生，现已成为公园的管理者。

汤加里罗国家公园

新西兰国家公园。位于北岛中央的罗托鲁阿－陶波湖地热区南端。占地约8万公顷，是由火山组成的熔岩区。

　　15 座近代活动过或正在活动的火山呈线状排列，向东北方向延伸。汤加里罗、瑙鲁霍伊和鲁阿佩胡 3 座活火山，尤为著名。汤加里罗火山峰顶宽广，包括北口、南口、中口、西口、红口等一系列火山口。瑙鲁霍伊火山烟雾腾腾，常年不息。鲁阿佩胡火山海拔 2797 米，为北岛最高点。乘公园内的架空滑车，可接近顶端。原为陶波湖周围的毛利部族所有，毛利人视它为圣地。1887 年毛利人为了维护山区的神圣，不让欧洲人分片出售，以 3 座火山为中心，把约 243 公顷内的地区献给国家，作为国家公园。

　　1894 年，新西兰政府将这 3 座火山连同周围地区正式开辟为公园，定名为汤加里罗国家公园。为知名的登山、滑雪和旅游胜地。1990 年作为自然和文化双重遗产列入《世界遗产名录》，1993 年扩展范围。

韦斯特兰国家公园

———❧❧———

新西兰国家公园。位于南岛中西部，西起塔斯曼海，东至南阿尔卑斯山西北部陡峭的山坡。最高峰为南阿尔卑斯山的塔斯曼山，海拔 3497 米。建于 1960 年。面积 11.75 万公顷。

巨大的断层将公园分成地形截然不同的两部分。断层以东的悬崖之上矗立着南阿尔卑斯山，山坡上有流水切割形成的峡谷。无数条冰川自永久雪线以上延伸而下，其中福克斯冰川一直延伸到断层以西的低地地区。断层以西，则为茂密雨林覆盖的低地。其中在靠近海岸的地区，有风景秀丽的湖泊、湿地和宽阔的河口，多种涉禽和其他亲水的生物在这里繁衍。

愿你努力向上，

既无人能挡，

又光芒万丈！